Dr. M. RAJASEKAR

ESPECTROSCOPIAPRINCÍPIO & APLICAÇÕES

Dr. M. RAJASEKAR

ESPECTROSCOPIAPRINCÍPIO & APLICAÇÕES

ScienciaScripts

Imprint
Any brand names and product names mentioned in this book are subject to trademark, brand or patent protection and are trademarks or registered trademarks of their respective holders. The use of brand names, product names, common names, trade names, product descriptions etc. even without a particular marking in this work is in no way to be construed to mean that such names may be regarded as unrestricted in respect of trademark and brand protection legislation and could thus be used by anyone.

Cover image: www.ingimage.com

This book is a translation from the original published under ISBN 978-620-3-58216-1.

Publisher:
Sciencia Scripts
is a trademark of
Dodo Books Indian Ocean Ltd. and OmniScriptum S.R.L publishing group

120 High Road, East Finchley, London, N2 9ED, United Kingdom
Str. Armeneasca 28/1, office 1, Chisinau MD-2012, Republic of Moldova, Europe
Managing Directors: Ieva Konstantinova, Victoria Ursu
info@omniscriptum.com

Printed at: see last page
ISBN: 978-620-3-54517-3

TABELA DE CONTEÚDOS

1. ESPECTROSCOPIA VISÍVEL ULTRAVIOLETA

1.1. INTRODUÇÃO

- ❖ Espectroscopia é a medição e interpretação da radiação electromagnética absorvida ou emitida quando as moléculas ou átomos ou iões de uma amostra passam de um estado energético para outro estado energético.

- ❖ A espectroscopia UV é o tipo de espectroscopia de absorção em que a luz da região ultra-violeta (200-400 nm) é absorvida pela molécula que resulta na excitação dos electrões do estado de terra para um estado de energia superior.

1.2. PRINCÍPIO

- A espectroscopia está relacionada com a interacção da luz com a matéria.

- Como a luz é absorvida pela matéria, o resultado é um aumento do conteúdo energético dos átomos ou moléculas.

- Quando as radiações ultravioletas são absorvidas, isto resulta na excitação dos electrões do estado do solo para um estado energético superior.

- As moléculas contendo π-electrões ou electrões não ligados (n-electrões) podem absorver energia sob a forma de luz ultravioleta para excitar estes electrões para orbitais moleculares anti-ligação mais elevados.

- Quanto mais facilmente excitados forem os electrões, maior será o comprimento de onda de luz que pode absorver. Há quatro tipos de transições possíveis (π-π^*, n-π^*, σ-σ^*, e n-σ^*), e podem ser encomendadas da seguinte forma: σ-_σ^* > n-σ^* > π-π^* > n-π^*

- A absorção da luz ultravioleta por um composto químico produzirá um espectro distinto que ajudará na identificação do composto.

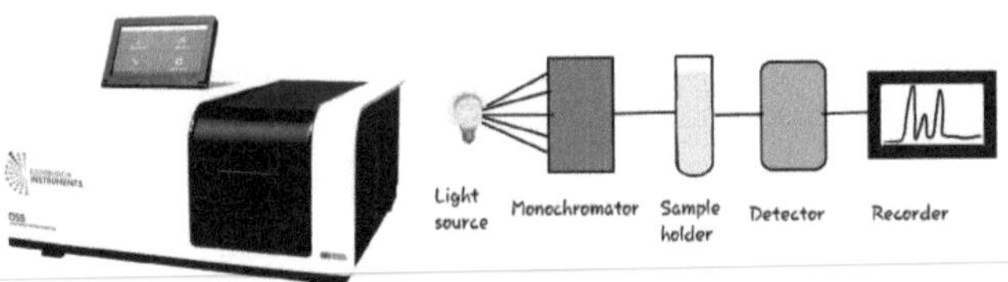

Figura 1. Ilustração de um instrumento UV-vis e do seu princípio de funcionamento

1.3. FUNCIONAMENTO DA ESPECTROSCOPIA UV

➢ Funciona através de uma luz que passa por uma solução. Quanto maior for a concentração da solução, mais luz é absorvida.

➢ A luz de um determinado comprimento de onda e energia é reflectida na amostra, que absorve uma quantidade de energia da luz. A energia da luz transmitida da amostra é medida, o que calcula a absorvância da amostra. Após a fonte de luz é um monocromador que filtra a luz e selecciona um comprimento de onda específico, utilizando um prisma ou uma grelha difractiva.

➢ Depois do monocromador há uma série de lentes, fendas, espelhos e filtros que se concentram, aumentam a pureza espectral, e direccionam a luz para a amostra que contém as soluções a serem testadas.

➢ Um detector calcula a quantidade de luz a ser absorvida na amostra e a quantidade de luz que passa então ajuda a analisar a concentração da amostra.

1.4. INSTRUMENTAÇÃO

1. Fonte de luz

- As lâmpadas de filamento de tungsténio e as lâmpadas de Hydrogen-Deuterium são as fontes de luz mais amplamente utilizadas e adequadas, uma vez que cobrem toda a região UV.

- As lâmpadas de filamento de tungsténio são ricas em radiações vermelhas; mais especificamente emitem as radiações de 375 nm, enquanto que a intensidade das lâmpadas de Hidrogénio-Deutério é inferior a 375 nm.

2. Monocromador

- Os monocromadores são geralmente compostos por prismas e fendas.
- A maioria dos espectrofotómetros são espectofotómetros de feixe duplo.
- A radiação emitida pela fonte primária é dispersa com a ajuda de prismas rotativos.
- Os vários comprimentos de onda da fonte de luz que são separados pelo prisma são então seleccionados pelas fendas, de modo que a rotação do prisma resulta numa série de comprimentos de onda continuamente crescentes para passar através das fendas para fins de registo.
- O feixe seleccionado pela fenda é monocromático e dividido em dois feixes com a ajuda de outro prisma.

3. Células de amostra e de referência

- Um dos dois feixes divididos é passado através da solução da amostra e o segundo feixe é passado através da solução de referência.
- Tanto a amostra como a solução de referência estão contidas nas células.
- Estas células são feitas de sílica ou quartzo. O vidro não pode ser utilizado para as células, uma vez que também absorve a luz na região UV.

4. Detector

- Geralmente, duas fotocélulas servem o propósito do detector em espectroscopia UV.
- Uma das fotocélulas recebe o feixe da célula da amostra e o segundo detector recebe o feixe da referência.
- A intensidade da radiação da célula de referência é mais forte do que o feixe da célula da amostra. Isto resulta na geração de correntes pulsantes ou alternadas nas fotocélulas.

5. Amplificador

- A corrente alternada gerada nas fotocélulas é transferida para o amplificador.

- O amplificador é acoplado a um pequeno servómetro.

- Geralmente, a corrente gerada nas fotocélulas é de muito baixa intensidade, o principal objectivo do amplificador é amplificar os sinais muitas vezes para que possamos obter sinais claros e graváveis.

6. Dispositivos de gravação

- A maior parte do tempo, o amplificador é acoplado a um gravador de caneta que está ligado ao computador.

- O computador armazena todos os dados gerados e produz o espectro do composto desejado.

1.5. LEIS DE ABSORÇÃO

- **A Lei de Lambert**: Absorção (**A**) proporcional ao comprimento da Pathl (**l**) do meio absorvente

- **Lei da Cerveja**: Absorvância (**A**) proporcional à concentração (**c**) da amostra

- **Lei de Beer-Lambert**: Absorvância (**A**) proporcional a **c x l**

$$\text{Um } cl \propto$$

$$A = Ecl$$

A constante E é chamada de COEFICIENTE MOLAR DE EXTINCÇÃO

1.6. VANTAGENS

- ✓ Um obturador de fonte de luz controla o nível de luz de uma lâmpada que passa através da amostra. O obturador é a única parte móvel de um espectrómetro UV-VIS. A vantagem deste sistema é o desenho simples do instrumento.

- ✓ A análise de amostras utilizando UV-VIS é um processo muito rápido em comparação com outros métodos de análise de detecção de amostras.

- ✓ A técnica UV-VIS é não destrutiva para a amostra e tem uma alta sensibilidade para a detecção de compostos orgânicos.

- ✓ Menos susceptível de sofrer interferências do que outras técnicas analíticas.

1.7. DISADVANTAGENS

- ✓ Nenhuma lâmpada emite todos os comprimentos de onda de luz necessários para análise. A mudança da lâmpada é um processo moroso.

- ✓ Os espectrómetros UV-VIS necessitam de calibrações regulares para manter a precisão e a precisão do instrumento. A escolha do tipo de material a utilizar como calibrador requer o conhecimento do tipo de amostra que está a ser analisada.

- ✓ A luz de radiação pode ser um problema para os espectrómetros UV-VIS. Isto pode ser causado pela pessoa que o utiliza e tenta detectar a amostra usando uma gama de comprimentos de onda demasiado grande ou por uma concepção deficiente do instrumento.

1.8. CANDIDATURAS

1. Detecção de Impurezas

- A espectroscopia de absorção de UV é um dos melhores métodos para a determinação de impurezas em moléculas orgânicas.

- Picos adicionais podem ser observados devido a impurezas na amostra e podem ser comparados com os da matéria-prima padrão.

- Medindo também a absorvância num comprimento de onda específico, as impurezas podem ser detectadas.

2. Elucidação da estrutura dos compostos orgânicos.

- A espectroscopia UV é útil na elucidação da estrutura das moléculas orgânicas, a presença ou ausência de insaturação, a presença de heteroátomos.

- A partir da localização dos picos e da combinação de picos, pode-se concluir que quer o composto esteja saturado ou insaturado, os heteroátomos estão presentes ou não, etc,

3. Análise quantitativa

- A espectroscopia de absorção UV pode ser utilizada para a determinação quantitativa de compostos que absorvem a radiação UV. Esta determinação baseia-se na lei de Cerveja, que é a seguinte.

$$A = \log I0 \, / \, _{It} = \log 1/ \, T = - \log T = abc = \varepsilon bc$$

Onde:

     ε- Co-eficiente de Extinção

     c- Concentração

     b- O comprimento da célula que é utilizada no espectrofotómetro de UV

4. Análise qualitativa

- A espectroscopia de absorção UV pode caracterizar os tipos de compostos que absorvem a radiação UV.

- A identificação é feita através da comparação do espectro de absorção com os espectros dos compostos conhecidos.

5. Cinética química

- A cinética da reacção também pode ser estudada utilizando a espectroscopia UV.

- A radiação UV passa através da célula de reacção e as mudanças de absorvância podem ser observadas.

6. Detecção de grupos funcionais

- Esta técnica é utilizada para detectar a presença ou ausência de um grupo funcional no composto.

- A ausência de uma banda num determinado comprimento de onda é considerada como prova da ausência de um determinado grupo.

7. Exame de hidrocarbonetos polinucleares

- O benzeno e os hidrocarbonetos polinucleares têm espectros característicos na região ultravioleta e visível. Assim, a identificação dos hidrocarbonetos polinucleares pode ser feita por comparação com os espectros dos compostos polinucleares conhecidos.

- Os hidrocarbonetos polinucleares são moléculas de hidrocarbonetos com dois ou mais anéis fechados; exemplos são o naftaleno, $C_{10}H_8$, com dois anéis de benzeno lado a lado, ou o difenil, $(C_6H_5)_2$, com dois anéis de benzeno ligados por ligação. Também conhecido como um *hidrocarboneto policíclico*.

8. Análise quantitativa de substâncias farmacêuticas

- Muitos fármacos estão quer sob a forma de matéria-prima quer sob a forma da formulação. Podem ser doseados fazendo uma solução adequada do fármaco num solvente e medindo a absorção num comprimento de onda específico.

- Os comprimidos de Diazepam podem ser analisados por 0,5% de H_2SO_4 em metanol no comprimento de onda de 284 nm.

REFERÊNCIAS

1. Savitzky, A.; Golay, M. *Anal. Chem.*, **1964**, 36, 1627-1639.

2. Levine, R. L.; Federici, M. M. "Quantification of aromatic residues in proteins; model compounds for second derivative spectroscopy"; *Biochem.* , **1982**, 21, 2600-2606.

3. Kisner, H. J.; Brown, W. B.; Kavarnos, G. J. "Multiple analytical frequencies and standards for the least-squares analysis of serum lipids"; *Anal. Química.* , **1983**, 55, 1703.

2. ESPECTROSCOPIA INFRAVERMELHA

2.1. INTRODUÇÃO

❖ A espectroscopia infravermelha (IR) ou espectroscopia vibracional é uma técnica analítica que tira partido das transições vibracionais de uma molécula.

❖ É uma das técnicas espectroscópicas mais comuns e amplamente utilizadas principalmente por químicos inorgânicos e orgânicos devido à sua utilidade na determinação das estruturas dos compostos INFRARED SPECTROSCOPIA e na sua identificação.

❖ O método ou técnica de espectroscopia de infravermelhos é conduzido com um instrumento chamado espectrómetro de infravermelhos para produzir um espectro de infravermelhos.

2.2. PRINCÍPIO

● Espectroscopia de infravermelhos é a análise da luz infravermelha que interage com uma molécula.

● A parte da região infravermelha mais útil para a análise de compostos orgânicos tem uma gama de comprimento de onda de 2.500 a 16.000 nm, com uma gama de frequência correspondente de $1,9*10^{13}$ a $1,2*10^{14}$ Hz.

● As energias fotónicas associadas a esta parte do infravermelho (de 1 a 15 kcal/mole) não são suficientemente grandes para excitar electrões, mas podem induzir excitação vibracional de átomos e grupos covalentemente ligados.

● Sabe-se que para além da fácil rotação de grupos sobre ligações simples, as moléculas experimentam uma grande variedade de movimentos vibracionais, característicos dos seus átomos componentes.

● Consequentemente, praticamente todos os compostos orgânicos irão absorver radiação infravermelha que corresponde em energia a estas vibrações.

- Os espectrómetros de infravermelhos, semelhantes em princípio a outros espectrómetros, permitem que os químicos obtenham espectros de absorção de compostos que são um reflexo único da sua estrutura molecular.

- A medida fundamental obtida na espectroscopia infravermelha é um espectro infravermelho, que é um gráfico de intensidade de infravermelhos medida versus comprimento de onda (ou frequência) da luz.

- A Espectroscopia IR mede as vibrações dos átomos, e com base nisto é possível determinar os grupos funcionais.

- Geralmente, ligações mais fortes e átomos leves vibrarão a uma frequência de estiramento elevada (número de ondulação).

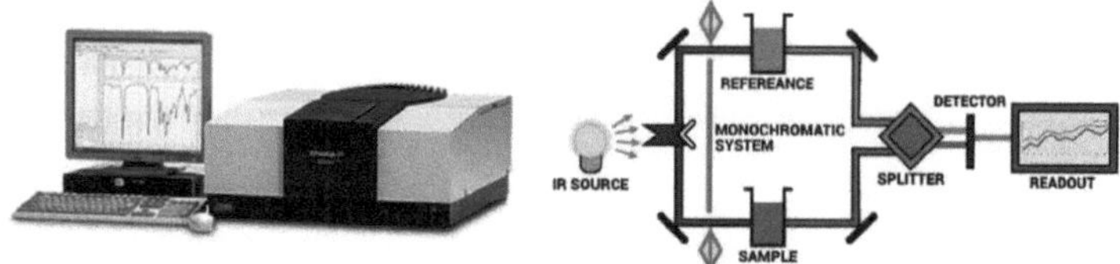

Figura 2. Ilustração de um instrumento de RI e do seu princípio de funcionamento

2.3. FUNCIONAMENTO DA IR ESPECTROSCOPIA

- A radiação infravermelha é dividida em dois feixes. Um feixe passa através da célula da amostra e o outro passa através da célula de referência.

- A célula de referência (como um grupo de controlo) é utilizada para medir o efeito do material da célula da amostra, o solvente, e as condições da atmosfera de modo a que estes efeitos possam ser descontados da informação recuperada pela célula da amostra.

- A diferença na transmitância (radiação transmitida) entre a amostra e a célula de referência deve-se à Absorção de certas frequências pelas moléculas da amostra.

- Estas absorções resultam então em mudanças na energia vibracional da molécula em análise. Isto é captado pelo detector.

2.4. INSTRUMENTAÇÃO

1. Fonte de radiação

Os instrumentos de IV requerem uma fonte de energia radiante que emita radiação IV que deve ser estável, suficientemente intensa para ser detectada, e estender-se sobre o comprimento de onda desejado.

Várias fontes de radiações IR são as seguintes.

1. Brilho de Nernst

2. Lâmpada incandescente

3. Arco de Mercúrio

4. Lâmpada de tungsténio

5. Fonte Glober

6. Fio Nichrome

2. Amostra de células e amostragem de substâncias

A espectroscopia IR tem sido utilizada para a caracterização de amostras sólidas, líquidas ou gasosas.

- São utilizadas **diversas** técnicas de preparação de amostras sólidas, tais como a técnica de granulados prensados, a execução em solução sólida, filmes sólidos, técnica mull, etc.

- **As amostras líquidas** podem ser conservadas utilizando uma célula de amostra líquida feita de halogenetos alcalinos. Os solventes aquosos não podem ser utilizados, pois dissolverão os halogenetos alcalinos. Só podem ser utilizados solventes orgânicos como o clorofórmio.

- **A amostragem de gás** é semelhante à amostragem de líquidos.

3. Monocromadores

- Vários tipos de monocromadores são prismas, grelhas, e filtros.

- Os prismas são feitos de brometo de potássio, cloreto de sódio, ou iodeto de césio.

- Os filtros são constituídos por fluoreto de lítio e as grelhas de difracção são constituídas por halogenetos alcalinos.

4. Detectores

- Os detectores são utilizados para medir a intensidade da radiação infravermelha não absorvida.

- São utilizados detectores como termopares, bolómetros, termómetros, células Golay, e detectores piroeléctricos.

5. Gravadores

Os gravadores são utilizados para gravar o espectro IR.

2.5. VANTAGENS

- ➤ A espectroscopia de infravermelhos é uma ferramenta poderosa que pode ser aplicada a uma vasta gama de amostras.

- ➤ A espectroscopia de infravermelhos pode ser utilizada para análise quantitativa através da construção de uma curva de calibração.

- ➤ Pode ser utilizado para testar uma vasta gama de amostras orgânicas que podem ser de gás, líquidas e sólidas. São necessárias pequenas amostras para os testes.

- ➤ Pode ser usado em conjunto com espectroscopia UV, cromatografia, espectroscopia de massa e espectroscopia de ressonância magnética nuclear.

2.6. DISADVANTAGENS

- ➤ O equipamento necessário é moderadamente caro e é necessário um técnico treinado para o operar.

- ➤ As calibrações são ligeiramente curvas em vez de lineares e, portanto, ligeiramente menos precisas.

2.7. CANDIDATURAS

- ➤ Identificação de grupos funcionais e elucidação da estrutura de compostos orgânicos.

- ➤ Análise quantitativa de vários compostos orgânicos.

➤ Estudo de ligações covalentes em moléculas.

➤ Estudar o progresso das reacções.

➤ Detecção de impurezas num composto.

➤ A proporção de isómeros cis-trans numa mistura de compostos.

➤ A forma de simetria de uma molécula inorgânica.

➤ Estudar a presença de água numa amostra.

➤ Medição de tintas e vernizes.

REFERÊNCIAS

1. Bugay, D. E., *Adv. Drug Delivery Rev.*, **2001**, 48, 43-65

2. Aldrich, D. S.; Smith, M. A., *Appl. Spectrosc. Rev.*, **1999**, 34, 275-327.

3. Deeley, C. M., Spragg, R. A. e Threlfall, T. L., *Spectrochim. Acta*, **1999**, 47A, 1217-1223.

3. ESPECTROSCOPIA RAMAN

3.1. INTRODUÇÃO

❖ A espectroscopia Raman foi descoberta por C. V. Raman em 1928

❖ É uma técnica espectroscópica utilizada para observar vibração, rotação, e outros modos de baixa frequência num sistema.

❖ A espectroscopia Raman é normalmente utilizada em química para fornecer uma impressão digital através da qual as moléculas podem ser identificadas.

❖ Quando a radiação passa pelo meio transparente, as espécies presentes dispersam uma fracção do feixe em todas as direcções

❖ A dispersão Raman resulta do mesmo tipo de vibração das quantidades alteradas associadas aos espectros de IV

❖ A diferença no comprimento de onda entre o incidente e a radiação visível dispersa corresponde ao comprimento de onda na região do meio do ar

3.2. PRINCÍPIO

• Quando a radiação monocromática é incidente sobre uma amostra, então esta luz irá interagir com a amostra de alguma forma. Pode ser reflectida, absorvida ou dispersa de alguma forma. É a dispersão da radiação que ocorre que dá informação sobre a estrutura molecular.

• A Raman baseia-se na dispersão. A amostra é irradiada com uma fonte coerente, tipicamente um laser. A maior parte da radiação é espalhada elasticamente (chamada dispersão de Rayleigh).

• Uma pequena porção está inelasticamente dispersa (Raman scatter, composto de Stokes e porções anti-Stokes). Esta última porção é o que nos interessa particularmente porque contém a informação em que estamos interessados.

- O espectro é medido com a linha laser como referência. Assim, os picos são medidos como o desvio da linha laser.

- As posições de pico são determinadas pelas energias vibracionais associadas às ligações na(s) molécula(s) da(s) qual(is) a amostra é composta. Devido a isto, o espectro acaba por parecer muito semelhante a um espectro IR e é interpretado de forma semelhante.

- Há, no entanto, uma nota de rodapé a este respeito, uma vez que se aplica o princípio da exclusão mútua. Ou seja, os picos que são enfatizados em IR (ligações polares com momentos dipolo elevados) são de certa forma desfatizados na Raman.

- As bandas que são enfatizadas num espectro Raman são as que se devem a ligações altamente polarizáveis, tais como as que têm π electrões.

- A radiação emitida é de três tipos:

    1. Dispersão de Stokes

    2. Dispersão anti-risco

    3. Espalhamento de Rayleigh

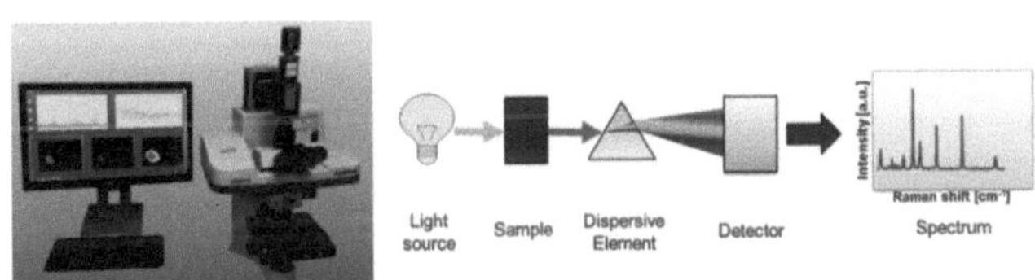

Figura 3. Ilustração de um instrumento Raman e do seu princípio de funcionamento

3.3. TRABALHO DA ESPECTROSCOPIA DE RAMAN

> Os espectrómetros Raman contêm um laser como fonte de luz com comprimentos de onda no visível a uma faixa quase infravermelha (400 nm a 1100 nm). Estes comprimentos de onda são monocromáticos, coerentes, e têm intensidades elevadas. Após a interacção da luz incidente com a amostra, a luz é dispersa em todas as direcções.

- Uma fracção da luz dispersa é dirigida para o elemento dispersivo. Normalmente, uma grelha difractiva na geometria de reflexão ou transmissão é utilizada para dividir espacialmente os feixes de luz dispersos, separando assim os diferentes comprimentos de onda.

- O detector pode ser composto por um fotodíodo, que utiliza o efeito fotoeléctrico interno para a conversão do sinal dos diferentes comprimentos de onda de intensidade num sinal electrónico. Os instrumentos mais antigos têm frequentemente detectores de elemento único, que só podem detectar um comprimento de onda de cada vez e necessitam de um procedimento de varrimento para registar um espectro completo.

- Os dispositivos mais recentes, contudo, funcionam com matrizes de detectores CCD semelhantes aos utilizados em câmaras ou detectores InGaAs (Indium-Gallium-Arsenide), que podem simultaneamente detectar uma gama específica do espectro. O resultado da medição é chamado espectro Raman e mostra um gráfico em que a intensidade é traçada contra o comprimento de onda recíproco, que é proporcional à energia.

3.4. INSTRUMENTAÇÃO

Instrumentação para espectroscopia moderna Raman consiste em três componentes:

1. Fonte laser

2. Exemplo de sistema de iluminação

3. Espectrómetro adequado

1. Fonte laser

- As fontes utilizadas na espectrometria moderna Raman são quase sempre lasers porque a sua alta intensidade é necessária para produzir uma dispersão Raman de intensidade suficiente para ser medida com uma relação sinal/ruído razoável

- Porque a intensidade da dispersão da Raman varia conforme a quarta potência da frequência, as fontes de iões de árgon e crípton que emitem na região azul e verde do espectro têm uma vantagem sobre as outras fontes

2. Exemplo de sistema de iluminação

- ❖ **Amostras líquidas**: Uma grande vantagem do manuseamento de amostras na espectroscopia Raman em comparação com o infravermelho surge porque a água é um Raman fraco disperso mas um forte absorvedor de radiação infravermelha. Assim, as soluções aquosas podem ser estudadas pela espectroscopia Raman, mas não pelo infravermelho.
- ❖ **Amostras sólidas**: Os espectros Raman de amostras sólidas são frequentemente adquiridos enchendo uma pequena cavidade com a amostra depois de esta ter sido moída a um pó fino. Os polímeros podem normalmente ser examinados directamente, sem pré-tratamento da amostra.
- ❖ **Amostras de gás**: O gás é normalmente contido em tubos de vidro, de 1-2 cm de diâmetro e cerca de 1mm de espessura. Os gases também podem ser selados em pequenos tubos capilares.

3. Espectrómetros Raman

- Os espectrómetros Raman eram semelhantes na concepção e utilizavam o mesmo tipo de componentes que os instrumentos clássicos de dispersão ultravioleta/visível
- A maioria dos sistemas de dupla grelha utilizados para minimizar a radiação espúria que atinge o transdutor. Fotomultiplicadores serviram como transdutores
- Agora os espectrómetros Raman a serem comercializados são instrumentos de transformação de Fourier equipados com transdutores de germânio refrigerado ou instrumentos multicanais baseados em dispositivos de carga acoplada

3.5. TEORIA DA DISPERSÃO DE RAMAN

1. Dispersão da Raman Anti-Stokes

> Trata-se de outro processo de dispersão inelástico. Aqui, uma quantidade específica de energia é transferida de uma vibração molecular para o fóton.

> O fotão disperso tem maior energia e um comprimento de onda inferior ao do fotão incidente. Este processo é ainda menos provável de ocorrer do que a dispersão de Stokes. Portanto, normalmente não é utilizado na espectroscopia Raman.

> A informação extraída da luz dispersa anti-Stokes é maioritariamente equivalente à informação extraída da luz dispersa Stokes, e apenas aplicações muito especializadas exigirão o esforço extra para medir ambos os processos de dispersão.

2. Stokes Raman dispersão

> É o processo de dispersão inelástico que transfere energia da luz para uma vibração da molécula. Portanto, o fotão disperso tem menos energia e um comprimento de onda superior ao do fotão incidente.

> A quantidade de energia transferida não é arbitrária, tem de ser exactamente a quantidade necessária para excitar uma das vibrações moleculares da molécula. A composição da luz dispersa depende, portanto, muito do tipo exacto da molécula (como uma impressão digital).

> A dispersão de Stokes é o processo mais comumente explorado para adquirir um espectro Raman. É, no entanto, várias ordens de magnitude menos provável de ocorrer em comparação com a dispersão de Rayleigh, tornando-a difícil de detectar.

3. Espalhamento de Rayleigh

> É o termo utilizado para a dispersão elástica da luz pelas moléculas e é de longe o processo de dispersão mais dominante.

> A interacção não altera o estado energético da molécula e como tal o fotão disperso tem a mesma cor (comprimento de onda) que o fotão incidente.

➢ Num espectrómetro Raman, a luz dispersa de Rayleigh tem de ser retirada da luz recolhida, caso contrário, obscureceria os sinais Raman.

3.6. VANTAGENS

➢ Pode ser utilizado com sólidos e líquidos

➢ Não é necessária preparação de amostras

➢ Não interferido pela água

➢ Não destrutivo

➢ Altamente específico como uma impressão digital química de um material

➢ Os espectros Raman são adquiridos rapidamente em segundos

➢ As amostras podem ser analisadas através de vidro ou de uma embalagem de polímero

➢ Os espectros Raman podem ser recolhidos a partir de um volume muito pequeno (< 1 µm de diâmetro)

➢ Os materiais inorgânicos são normalmente facilmente analisados pela Raman do que pela espectroscopia de infravermelhos.

3.7. DISADVANTAGENS

➢ Não pode ser usado para metais ou ligas.

➢ O Efeito Raman é muito fraco. A detecção necessita de instrumentação sensível e altamente optimizada.

➢ A fluorescência das impurezas ou da própria amostra pode esconder o espectro Raman.

➢ O aquecimento da amostra através da intensa radiação laser pode destruir a amostra ou cobrir o espectro Raman.

3.8. CANDIDATURAS

1. Espectros Raman de Espécies Orgânicas

- Os espectros Raman são semelhantes aos espectros infravermelhos na medida em que têm regiões que são úteis para a detecção de grupos funcionais e regiões de impressões digitais que permitem a identificação de compostos específicos

- Os espectros Raman produzem mais informação sobre certos tipos de compostos orgânicos do que os seus equivalentes infravermelhos

2. Aplicações quantitativas

- Os espectros Raman tendem a ser menos atulhados de picos do que os espectros de infravermelhos. Como consequência, a sobreposição de picos em misturas é menos provável, e as medições quantitativas são mais simples. Além disso, os dispositivos de amostragem Raman não estão sujeitos a ataques de humidade, e pequenas quantidades de água numa amostra não interferem

3. Aplicações Biológicas

- A espectroscopia Raman tem sido amplamente aplicada para o estudo de sistemas biológicos

- As vantagens da sua técnica incluem a exigência de amostras pequenas, a sensibilidade mínima à interferência pela água, o detalhe espectral, e a sensibilidade conformacional e ambiental

REFERÊNCIAS

1. *Aplicações Analíticas da Espectroscopia Raman*; Pelletier, M. J., Ed.; Blackwell Science: Londres, **1999**.

2. Chase, D. B.; Rabolt, J. F. *Fourier Transform Raman Spectroscopy, From Concept to Experiment*; Academic: **1994**.

3. Colthup, N. B.; Daly, L. H.; Wiberley, S. E. *Introdução à espectroscopia de infravermelhos e Raman*, 3ª ed.; Académica: Nova Iorque, NY, **1990**

4. ESPECTROSCOPIA DE RESSONÂNCIA DE MAGNETI NUCLEAR

4.1. INTRODUÇÃO

* A espectroscopia de ressonância magnética nuclear, mais conhecida como espectroscopia NMR ou espectroscopia de ressonância magnética (MRS), é uma técnica espectroscópica para observar campos magnéticos locais em torno de núcleos atómicos.

* É uma técnica de espectroscopia baseada na absorção da radiação electromagnética na região de radiofrequência 4 a 900 MHz por núcleos dos átomos.

* Durante os últimos cinquenta anos, a RMN tornou-se a técnica preeminente para determinar a estrutura dos compostos orgânicos.

* De todos os métodos espectroscópicos, é o único para o qual uma análise e interpretação completa de todo o espectro é normalmente esperada.

4.2. PRINCÍPIO

* O princípio por detrás da RMN é que muitos núcleos têm um spin e todos os núcleos estão carregados electricamente. Se for aplicado um campo magnético externo, é possível uma transferência de energia entre a energia de base e um nível de energia mais elevado (geralmente um único intervalo de energia).

* A transferência de energia ocorre num comprimento de onda que corresponde a frequências de rádio e quando o spin volta ao seu nível de base, a energia é emitida na mesma frequência.

* O sinal que corresponde a esta transferência é medido de muitas maneiras e processado para produzir um espectro NMR para o núcleo em questão

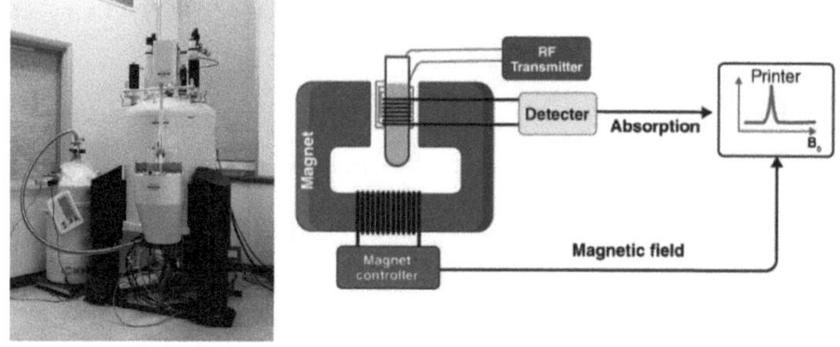

Figura 4. Ilustração de um instrumento NMR e do seu princípio de funcionamento

4.3. FUNCIONAMENTO DA ESPECTROSCOPIA NMR

- A amostra é colocada num campo magnético e o sinal NMR é produzido pela excitação dos núcleos da amostra com ondas de rádio em ressonância magnética nuclear, que é detectada com receptores de rádio sensíveis.

- O campo magnético intramolecular em torno de um átomo de uma molécula altera a frequência de ressonância, dando assim acesso aos detalhes da estrutura electrónica de uma molécula e dos seus grupos funcionais.

- Como os campos são únicos ou altamente característicos de compostos individuais, a espectroscopia NMR é o método definitivo para identificar compostos orgânicos monomoleculares.

- Para além da identificação, a espectroscopia NMR fornece informação detalhada sobre a estrutura, dinâmica, estado de reacção, e ambiente químico das moléculas.

- Os tipos mais comuns de RNM são o próton e a espectroscopia de RNM carbono-13, mas é aplicável a qualquer tipo de amostra que contenha núcleos que possuam spin.

4.4. INSTRUMENTAÇÃO

- ❖ **Suporte de amostras:** Tubo de vidro com 8,5 cm de comprimento, 0,3 cm de diâmetro.
- ❖ **Íman permanente:** fornece um campo magnético homogéneo a 60-100 MHZ

❖ **Bobinas magnéticas:** Estas bobinas induzem um campo magnético quando a corrente flui através delas

❖ **Gerador de varrimento:** Para produzir uma quantidade igual de campo magnético passa através da amostra

❖ **Transmissor de radiofrequência:** Um transmissor de radiofrequência que produz um pulso curto e potente de ondas de rádio

❖ **Receptor de radiofrequência:** Uma bobina receptora de radiofrequência que detecta frequências de rádio emitidas como núcleos relaxam a um nível de energia mais baixo

❖ **Sistemas de leitura:** Um computador que analisa e regista os dados.

4.5. VANTAGENS

➢ Com um aparelho informático adequado, podemos calcular toda a estrutura 3D de proteínas e enzimas.

➢ O movimento dos segmentos (domínios) pode ser examinado.

➢ Este método é capaz de nos levar à observação da cinética química.

➢ Podemos investigar a constante dieléctrica, a polaridade, e quaisquer outras propriedades do solvente ou algum material adicionado.

➢ Uma ferramenta poderosa na investigação da química dos polímeros e da física

➢ Uma técnica amadurecida para a identificação química e análise conformacional de produtos químicos quer sintéticos quer naturais.

➢ O NMR de estado sólido tem o potencial de determinar estruturas de resolução atómica de domínios de proteínas de membrana nos seus ambientes de membrana nativa, incluindo aqueles com ligandos ligados

➢ Uma ferramenta poderosa para a detecção de água interior e a sua interacção com biomoléculas.

4.6. DISADVANTAGENS

> Isto é bom para uma determinação mais precisa da estrutura, mas não para a disponibilidade de um peso molecular mais elevado.

> O poder de resolução da RMN é menor do que alguns outros tipos de experiências (por exemplo, CRISTALLOGRAFIA DE Raios X) uma vez que a informação obtida a partir do mesmo material é muito mais complexa.

> Infelizmente, somos apenas capazes de determinar o grau de probabilidade de ser do segmento proteico na dada conformação.

> O custo da implementação experimental aumenta com a maior força e a complexidade da determinação

4.7. CANDIDATURAS

Espectroscopia é o estudo da interacção da radiação electromagnética com a matéria. A espectroscopia NMR é a utilização do fenómeno NMR para estudar as propriedades físicas, químicas, e biológicas da matéria.

- É uma técnica química analítica utilizada no controlo de qualidade.

- É utilizado na investigação para determinar o conteúdo e pureza de uma amostra, bem como a sua estrutura molecular. Por exemplo, o NMR pode analisar quantitativamente misturas contendo compostos conhecidos.

- A espectroscopia NMR é rotineiramente utilizada por químicos para estudar a estrutura química usando técnicas unidimensionais simples. Técnicas bidimensionais são utilizadas para determinar a estrutura de moléculas mais complicadas.

- Estas técnicas estão a substituir a cristalografia de raios X para a determinação da estrutura das proteínas.

- As técnicas de espectroscopia NMR de domínio temporal são utilizadas para sondar a dinâmica molecular em solução.

- A espectroscopia NMR de estado sólido é utilizada para determinar a estrutura molecular dos sólidos.

- Outros cientistas desenvolveram métodos de RNM - de medição de coeficientes de difusão.

REFERÊNCIAS

1. *Varian Instrument Division Tech. Informar. Touro.* Vol. 1-3, Varian Associates, Palo Alto, Califórnia.

2. E. R. Andrew, "*Nuclear Magnetic Resonance*", Cambridge University Press, New York, **1955**.

3. "*Microondas e Espectroscopia de Radiofrequência*", Discussões Faraday Soc., **1955**, 19, 187

ESPECTROSCOPIA DE 5.MASSA

5.1. INTRODUÇÃO

* A espectrometria de massa (EM) é uma técnica química analítica que ajuda a identificar a quantidade e o tipo de substâncias químicas presentes numa amostra através da medição da relação massa/carga e da abundância de iões em fase gasosa.

* Nesta técnica instrumental, a amostra é convertida em iões positivos de movimento rápido por bombardeamento de electrões e as partículas carregadas são separadas de acordo com as suas massas.

* Um espectro de massa é uma parcela de abundância relativa contra a razão massa/carga (m/e).

* Estes espectros são utilizados para determinar a assinatura elementar ou isotópica de uma amostra, as massas de partículas e moléculas, e para elucidar as estruturas químicas das moléculas e outros compostos químicos.

5.2. PRINCÍPIO

* Nesta técnica, as moléculas são bombardeadas com um feixe de electrões energéticos.

* As moléculas são ionizadas e divididas em muitos fragmentos, alguns dos quais são iões positivos. Cada tipo de ião tem uma razão particular de massa a carregar, ou seja, razão m/e (valor).

* Para a maioria dos iões, a carga é uma só, e assim, a razão m/e é simplesmente a massa molecular do ião.

* Os iões passam por campos magnéticos e eléctricos para chegar ao detector onde são detectados e os sinais são registados para dar espectros de massa.

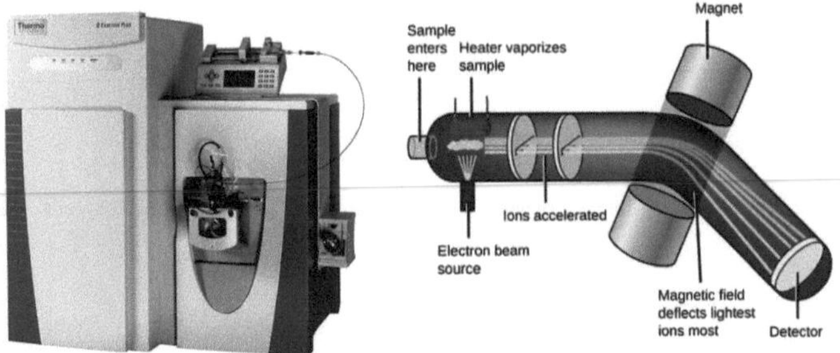

Figura 5. Ilustração de um instrumento de massa e do seu princípio de funcionamento

5.3. TRABALHO DA ESPECTROSCOPIA DE MASSA

- Num procedimento típico, uma amostra, que pode ser sólida, líquida, ou gasosa, é ionizada, por exemplo, bombardeando-a com electrões.

- Isto pode causar a quebra de algumas moléculas da amostra em fragmentos carregados. Estes iões são então separados de acordo com a sua relação massa/carga, normalmente acelerando-os e submetendo-os a um campo eléctrico ou magnético:

- Iões com a mesma relação massa/carga sofrerão a mesma quantidade de deflexão.

- Os iões são detectados por um mecanismo capaz de detectar partículas carregadas, como por exemplo um multiplicador de electrões. Os resultados são apresentados como espectros da abundância relativa de iões detectados em função da relação massa/carga.

- Os átomos ou moléculas da amostra podem ser identificados através da correlação de massas conhecidas (por exemplo, uma molécula inteira) com as massas identificadas ou através de um padrão de fragmentação característico.

5.4. INSTRUMENTAÇÃO

1. Entrada da amostra

- Uma amostra é armazenada no grande reservatório a partir do qual as moléculas chegam à câmara de ionização a baixa pressão num fluxo constante por um orifício chamado "Fuga molecular".

. Ionização

- Os átomos são ionizados ao derrubar um ou mais electrões para dar iões positivos por bombardeamento com um fluxo de electrões. A maioria dos iões positivos formados transportarão uma carga de +1.

- A ionização pode ser alcançada através de :

  ✓ Ionização por electrões (EI-MS)

  ✓ Ionização Química (CI-MS)

  ✓ Técnica de dessorção (FAB)

3. Aceleração

- Os iões são acelerados para que todos eles tenham a mesma energia cinética.

- Os iões positivos passam por 3 fendas com voltagem em ordem decrescente.

- A fenda intermédia transporta as fendas intermédias e finais a zero volts.

4. Deflexão

- Os iões são desviados por um campo magnético devido a diferenças nas suas massas.

- Quanto mais leve for a massa, mais são desviados.

- Depende também do nº de +ve carga que um íon transporta; quanto mais +ve carga, mais será desviado

5. Detecção

- O feixe de iões que passa através do analisador de massa é detectado por um detector com base na relação m/e.

- Quando um ião atinge a caixa metálica, a carga é neutralizada por um electrão que salta do metal para o ião.

- Tipos de analisadores:

  - Analisadores de massa do sector magnético

  - Analisadores com duplo foco

  - Analisadores de massa quadripolares

  - Tempo de voo dos analisadores (TOF)

  - Analisador de armadilhas de iões

  - Analisador de ciclotrões de iões

5.5. VANTAGENS

  ✓ Tamanho da amostra pequena

  ✓ Rápido

  ✓ Diferencia os isótopos

  ✓ Pode ser combinado com GC e LC para executar misturas

5.6. DISADVANTAGENS

  ✓ Não dá directamente informação estrutural (embora muitas vezes possamos descobrir)

  ✓ Precisa de compostos puros

  ✓ Difícil com compostos não voláteis

5.7. CANDIDATURAS

1. Análise farmacêutica

  ❖ Estudos de biodisponibilidade

  ❖ Estudos de metabolismo de drogas, farmacocinética

  ❖ Caracterização de potenciais drogas

❖ Análise do produto de degradação de drogas

❖ Identificação de alvos de drogas

2. Caracterização de biomoléculas

❖ Proteínas e peptídeos

❖ Oligonucleotídeos

3. Análise ambiental

❖ Pesticidas sobre alimentos

❖ Contaminação do solo e das águas subterrâneas

REFERÊNCIAS

1. McLafferty, F.W. Tandem MS Analysis of Complex Biological Mixtures. *Int. J. Espectrómetro de Massa.* **2001**, 212, 81-87.

2. Kondrat, R.W. Análise de Mistura por Espectrometria de Massa: Agora é o momento. *Int. J. Espectrometria de Massa.* **2001**, 212, 89-95.

3. Gohlke, R.S.; McLafferty, F.W. Early Gas Chromatography/Mass Spectrometry. *J. Am. Chem. Soc. Espectrometria de Massa.* **1993**, 4, 367-37

6. MOSSBAUE ESPECTROSCOPIA

6.1. INTRODUÇÃO

* A espectroscopia Mossbauer é mais adequadamente descrita pelo seu nome alternativo; ESPECTROSCOPIA NUCLEAR DE RESONANÇA GAMMA.

* Por vezes, talvez abreviado como NGR.

* Como o Name sugere, o núcleo é sondado usando raios Gama como radiação excitante; mede-se um espectro de absorção Gama.

* Descoberto por Rudolf Mossbauer em (Físicos Alemães)

6.2. PRINCÍPIO

* Tal como um recuo de arma quando a bala é disparada, a conservação do momento requer um núcleo livre para recuar durante a emissão ou absorção de raios gama.

* Se o núcleo em repouso emite raios gama, a energia do raio gama é ligeiramente inferior à energia natural da transição, mas para um núcleo em repouso absorver um raio gama, a energia do raio gama deve ser ligeiramente superior à energia natural, porque em ambos os casos a energia é perdida para recuar.

* Significa que a ressonância nuclear não é observável com núcleos livres porque o deslocamento de energia é demasiado grande para ter uma sobreposição significativa de espectros de emissão e absorção.

* Os núcleos em cristais sólidos não são livres de recuar porque estão ligados.

* Ainda assim, perde-se alguma energia devido ao recuo mas, nesse caso, será em pacotes discretos chamados fonones.

1. Efeito de recondução

> Sempre que uma partícula de alta energia é libertada de um corpo em repouso, o corpo libertador sente um retrocesso, ou seja, é empurrado para trás (tal como uma arma). A isto chama-se o efeito de recuo.

➢ Assim, a energia dos raios γ- é ligeiramente inferior à energia natural da transição.

➢ Da mesma forma, para um núcleo em repouso absorver γ-ray, a energia do γ-ray deve ser ligeiramente inferior à energia natural.

Energia de recuo (ER) = $E\gamma^2/2mc^2$

Eγ - Energia de γ-ray

m - Massa do núcleo

c - Velocidade da luz

➢ Assim, para os núcleos livres, esta ressonância nuclear, ou seja, absorção & emissão de γ-rays por núcleos idênticos, não é observável.

➢ Mas quando os núcleos estão presentes num cristal sólido, há muito pouca perda como energia de recuo.

➢ Se os núcleos emissores & absorventes estivessem num ambiente químico idêntico, então as energias de transição seriam iguais & a ressonância dos núcleos.

➢ Mas se o ambiente químico for difuso, provocará menos a mudança na energia nuclear. Para trazer os núcleos em ressonância, a energia de γ- raios é ligeiramente alterada pelo Efeito Doppler.

2. Efeito Mossbauer

❖ Envolve a emissão e absorção de radiação gama sem ressonância e sem recuo por núcleos atómicos ligados num sólido.

❖ No efeito Mossbauer, uma ressonância estreita para a emissão e absorção de radiação gama nuclear resulta do impulso de recuo a ser entregue a uma malha de cristal circundante em vez de apenas ao núcleo emissor ou absorvente.

❖ Quando isto ocorre, não se perde energia gama para a energia cinética dos núcleos de recuo, quer no final da emissão quer no final da absorção de uma transição gama: a emissão & absorção ocorrem com a mesma energia, resultando numa absorção forte e ressonante.

3. Efeito Doppler

✓ Efeito Doppler ou Doppler shift é a mudança na frequência ou comprimento de onda de uma onda em relação a um observador que se está a mover relativamente à fonte da onda.

✓ Um exemplo comum é a mudança de tom que se ouve quando um veículo que toca uma buzina se aproxima e recua de um observador.

✓ Em comparação com a frequência emitida, a frequência recebida é maior durante a aproximação, idêntica no instante em que passa por baixo durante a recessão.

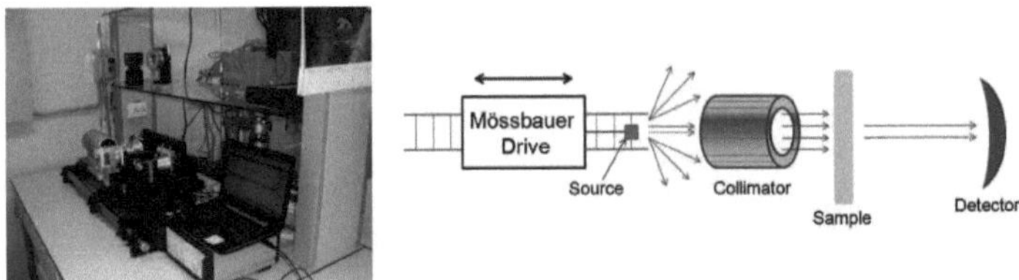

Figura 6. Ilustração de um instrumento Mossbauer e do seu princípio de funcionamento

6.3. TRABALHO DA ESPECTROSCOPIA DE MOSSBAUER

➢ Amostra sólida exposta a um feixe de raios gama

➢ O detector mede a intensidade dos raios transmitidos através da amostra.

➢ Se os núcleos emissores e absorventes estiverem no mesmo ambiente químico, as energias de transição nuclear seriam exactamente iguais, e a absorção ressonante observada com ambos os materiais em repouso.

➢ A diferença nos ambientes químicos faz com que os níveis de energia nuclear mudem.

➢ Para trazer os dois núcleos de volta ao efeito Doppler de ressonância é utilizado.

➢ A fonte é acelerada através de uma gama de velocidades utilizando um motor linear para produzir um efeito Doppler

6.4. INSTRUMENTAÇÃO

Mossbauer drive: utilizado para mover a fonte em relação à amostra

Fonte: ^{57Co} fonte para γ- emissão de raios geralmente mantida em RT

Colimador: utilizado para estreitar os raios γ

Amostra:

- Contém a amostra a ser analisada

- Deve estar em fase sólida e a estrutura cristalina

- Normalmente requer uma grande quantidade de amostra

- Aplicado como uma camada fina sobre suporte de amostras e irradiado

Detector:

- A escolha do detector depende de γ - energias de raios

- Não pode ser visto utilizando métodos tradicionais de exame da radiação electromagnética

- Observa o efeito do γ-rays sobre um material que os absorve Detectores de ressonância

- A distância e o ângulo do detector é crucial

6.5. ANÁLISE DOS ESPECTROS DE MOSSBAUER

Existem três tipos de interacções nucleares que são observadas

1. Mudança de isómero (IS)

2. Turno quadripolar (QS)

3. Deslocamento magnético (EM)

1. Mudança de isómero (IS)

- ❖ Surge devido ao não zero vol do núcleo e à densidade de carga de electrões devido aos s-electrões que o compõem.

- ❖ Isto leva a uma interacção monopolo (Coulomb), alterando os níveis de energia nuclear.

❖ Qualquer diferença no ambiente s-electrónico b/p da fonte & absorvedor produz assim uma mudança na energia de ressonância da transição.

❖ Isto desloca todo o espectro +ve ou -ve em função da densidade s-electrónica & define o centróide do espectro.

❖ Como o turno não pode ser medido directamente, é citado em relação a um absorvedor conhecido.

❖ É útil para determinar estados de valência, estados de ligação ligante, blindagem electrónica e poder de tracção dos grupos de electrões. por exemplo, as configurações electrónicas para Fe+2 & Fe+3 são 3d6 & 3d5 resp. Os iões [ferrosos] têm menos s-electrões no núcleo devido a uma maior filtragem dos d-electrões. Assim, os iões ferrosos têm maiores deslocamentos de +ve isómeros do que os iões férricos.

2. Turno quadripolar (QS)

❖ Os núcleos em estados com um impulso angular quântico no. l > ½ têm uma distribuição de carga não esférica. Isto produz um momento quadrupolar nuclear.

❖ Em presença de um campo eléctrico assimétrico (produzido por uma distribuição de carga electrónica assimétrica ou disposição ligante), isto divide os níveis de energia nuclear.

❖ A distribuição da carga é caracterizada por uma única quantidade chamada Gradiente de Campo Eléctrico (EFG)

❖ No caso de um isótopo com um l>3/2 ES, tal como 57Fe ou 119Sn· o ES é dividido em 2 sub-estados ml = ±1/2 & ml = ±3/2. O figo dá um espectro de 2 linhas ou 'doublet'.

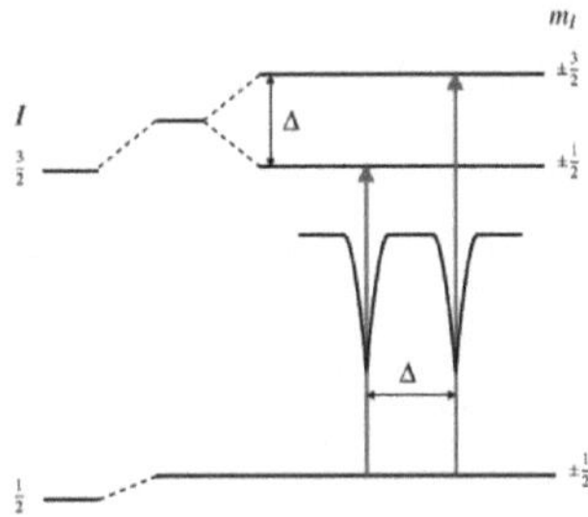

3. Deslocamento magnético (EM)

Em presença de um campo magnético

> - Este campo magnético é muitas vezes chamado de campo hiperfino

> - O momento de spin nuclear sente uma interacção dipolo através da divisão de Zeeman

> - Fenda Zeeman

- Os níveis de energia atómica estão divididos num maior número de níveis de energia

- Um campo magnético aplicado a níveis de energia divididos

- As linhas espectrais são divididas juntamente com os níveis de energia atómica

6.6. CANDIDATURAS

1. Física e Química

- ✓ Utilizado para prosseguir a natureza dos estados energéticos em núcleos

- ✓ Medir as alterações no ambiente químico dos núcleos

- ✓ Monitorizar os materiais durante as mudanças de fase

- ✓ Monitorizar reacções químicas

- ✓ Determinar estruturas de moléculas

2. Biologia

- ✓ Utilizado em tratamentos de cancro

- ✓ Utilizado para analisar glóbulos vermelhos

- ✓ Testar os efeitos ambientais do corpo humano

- ✓ Pode analisar estruturas proteicas

3. Mineralogia e Metalurgia

- ✓ Pode ser utilizado para determinar amostras metálicas

- Determinar estruturas cristalinas

- Arranjos moleculares

- Composições químicas

✓ Utilizado para analisar diferentes amostras minerais

  - Determinar diferentes estruturas de cristal

  - Determinar composições

6.7. RASCULAÇÕES

✓ Deve estar na estrutura cristalina sólida

✓ Interacções hiperfinas minuciosas

  - Superar com o uso do Efeito Doppler

✓ Uma grande limitação é que se trata de uma técnica "a granel".

  - Muitas vezes são necessárias grandes quantidades de amostras para análise

  - As recentes melhorias na electrónica e nos detectores estão a ajudar a ultrapassar

REFERÊNCIAS

1.   Bell, S. H., Weir, M. P., Dickson, D. P. E, Gibson, J. F., Sharp, G. A., Peters, T. J. Mössbauer estudos espectroscópicos da hemossiderina e ferritina humanas. *Biochim. Biofísica. Acta.* **1984**,787, 227-236.

2.   Black, P. J., Moon, P. B. Dispersão ressonante do ferro 14-keV-57 γ-ray, e a sua interferência com a dispersão de Rayleigh. *Natureza.* **1960**, 188, 481-484

3.   Mørup, S.; efeito Mössbauer em pequenas partículas. Hyperfine Interact. **1990**, 60, 959-974.

7. ESPECTROSCOPIA DE RESSONÂNCIA DE SPIN DE ELECTRÕES

7.1. INTRODUÇÃO

❖ A Ressonância Electrónica de Giro (ESR) também conhecida como Ressonância Magnética Electrónica (EMR) ou Ressonância Paramagnética Electrónica (EPR) é um ramo da espectroscopia de absorção em que as radiações com uma frequência na região de microondas (0,04 - 25 cm) são absorvidas por substâncias paramagnéticas para induzir transições entre os níveis de energia magnética dos electrões com giros não pareados.

❖ O ESR baseia-se no facto de os átomos, iões, moléculas, ou fragmentos moleculares que têm um número ímpar de electrões apresentarem propriedades magnéticas características. Um electrão tem um spin e, devido ao spin, existe o momento magnético.

❖ Desde a sua descoberta em 1944 por E.K. Zavoisky, a espectroscopia EPR tem sido explorada como uma técnica muito sensível e informativa para a investigação de diferentes tipos de espécies paramagnéticas em estado sólido ou líquido.

7.2. PRINCÍPIO

- O fenómeno da ressonância de spin de electrões (ESR) baseia-se no facto de um electrão ser uma partícula carregada. Ele gira em torno do seu eixo e isto faz com que actue como um pequeno íman de barra. Quando uma molécula ou composto com um electrão não emparelhado é colocado num campo magnético forte O spin do electrão não emparelhado pode alinhar-se de duas formas diferentes criando dois estados de spin ms = ± ½.

- O alinhamento pode ser ao longo da direcção (paralelo) ao campo magnético que corresponde ao estado de energia inferior ms = - ½ Oposto (antiparalelo) à direcção do campo magnético aplicado ms = + ½

- Os dois alinhamentos têm energias diferentes e esta diferença na energia eleva a degenerescência dos estados de spin de electrões. A diferença de energia é dada por:

$$\Delta E = E+ - E- = hv = gm\beta B$$

Onde,

h = constante de Planck (6,626 x 10-34 J s-1)

v = a frequência de radiação

ß = Bohr magneton (9,274 x 10-24 J T-1) B = força do campo magnético em Tesla

g = o factor g, que é uma medição sem unidade do momento magnético intrínseco do electrão, e o

seu valor para um electrão livre é 2,0023.

Um electrão não emparelhado pode mover-se entre os dois níveis de energia, absorvendo ou

emitindo um fotão de energia hv de tal forma que a condição de ressonância, hv = Δ E, é obedecida.

Isto leva à equação fundamental da espectroscopia EPR.

7.3. TRABALHO DA ESPECTROSCOPIA DE ESR

- Embora a equação permita uma grande combinação de valores de frequência e campos magnéticos, a grande maioria das medições EPR são feitas com microondas na região de 9000-10000 MHz (9-10 GHz).

- Os espectros EPR podem ser gerados principalmente mantendo fixa a frequência do fotão enquanto se varia o incidente do campo magnético sobre uma amostra.

- Uma colecção de centros paramagnéticos, tais como radicais livres, está exposta a microondas a uma frequência fixa.

- Ao aumentar um campo magnético externo, o fosso entre os estados energéticos aumenta até corresponder à energia das microondas.

- Nesta altura, os electrões não pareados podem mover-se entre os seus dois estados de rotação. Uma vez que normalmente há mais electrões no estado inferior, devido à distribuição Maxwell-Boltzmann, há uma absorção líquida de energia.

- É esta absorção que é monitorizada e convertida num espectro.

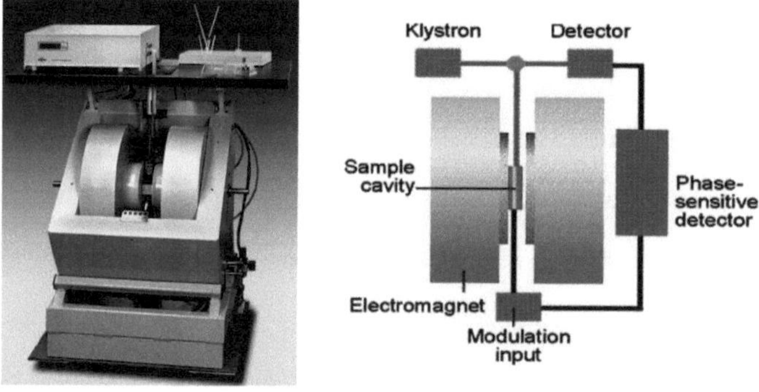

Figura 8. Ilustração de um instrumento do ESR e do seu princípio de funcionamento

7.4. INSTRUMENTAÇÃO

1. Klystrons

- O tubo de Klystron actua como fonte de radiação.

- É estabilizado contra a flutuação de temperatura por imersão num banho de óleo ou por arrefecimento forçado do ar.

- A frequência da radiação monocromática é determinada pela voltagem aplicada ao klystron.

- É mantido a uma frequência fixa por um circuito de controlo automático e fornece uma potência de cerca de 300 milliwatts.

2. Waveguide

- O ondemetro é colocado entre o oscilador e o atenuador.

- Conhecer a frequência das microondas produzidas pelo oscilador klystron.

- O ondímetro é geralmente calibrado numa unidade de frequência (megahertz) em vez de comprimento de onda.

- O guia de onda é um tubo de latão oco e rectangular. É utilizado para transportar a radiação da onda para a amostra e cristal.

3. Atenuadores

- A potência propagada pela guia de onda pode ser continuamente reduzida através da inserção de um pedaço de material resistivo na guia de onda. Esta peça é chamada de atenuador variável.

- É utilizado para variar a potência da amostra, desde a potência total do klystron até uma atenuada por uma força de 100 ou mais.

4. Isoladores

- É um dispositivo que minimiza as vibrações na frequência das micro-ondas produzidas pelo oscilador klystron.

- Os isoladores são utilizados para evitar o reflexo da energia de microondas de volta à fonte de radiação.

- É uma tira de material ferrite que permite microondas num só sentido.

- Também estabiliza a frequência do klystron.

5. Cavidades de amostra

- O coração do espectrómetro ESR é a cavidade ressonante que contém a amostra.

- A cavidade rectangular TE120 e a cavidade cilíndrica TE011 têm sido amplamente utilizadas.

- Na maioria dos espectrómetros ESR, são geralmente utilizadas cavidades duplas de amostras. Isto é feito para observação simultânea de uma amostra e de um material de referência.

- Uma vez que o campo magnético interage com a amostra para causar ressonância de spin, a amostra é colocada onde a intensidade do campo magnético é maior.

6. Acopladores e parafusos correspondentes

- Os vários componentes do conjunto de microondas a acoplar, utilizando íris ou fendas de vários tamanhos.

7. Detectores de cristais

- Os detectores de cristal de silício, que convertem a radiação em D.C. têm sido amplamente utilizados como detector de radiação de microondas.

8. Sistema magnético

- A cavidade ressonante é colocada entre os pólos pedaços de um electroíman.

- O campo deve ser estável e uniforme sobre o volume da amostra.

- A estabilidade do campo é alcançada através da energização do íman com uma fonte de alimentação altamente regulada.

- O espectro ESR é registado variando lentamente o campo magnético através da condensação da ressonância, varrendo a corrente fornecida ao íman pela fonte de alimentação.

9. Bobina de modulação

- A modulação do sinal a uma frequência consistente com uma boa relação sinal-ruído no detector de cristais é realizada por uma pequena variação alternada do campo magnético.

- A variação é produzida fornecendo um sinal A.C. para a bobina de modulação orientada em relação à amostra na mesma direcção que o campo magnético.

- Se a modulação for de baixa frequência (400 ciclos/seg. ou menos), as bobinas podem ser montadas fora da cavidade e mesmo sobre as peças do pólo magnético.

- Para frequências de modulação mais elevadas, as bobinas de modulação devem ser montadas dentro da cavidade ressonante ou cavidades construídas de um material não metálico, por exemplo, Quartzo com uma chapa prateada de estanho.

10. Dispositivos de visualização

- A fim de observar o sinal, pode ser utilizado um sistema ligado a diferentes dispositivos.

7.5. VANTAGENS

- ❖ Tamanho da amostra necessária

- ❖ Tempo necessário

- ❖ Limite de detecção

- ❖ Estado de oxidação

7.6. DISADVANTAGENS

> Sensibilidade às espécies paramagnéticas

> Espectros complicados

7.7. CANDIDATURAS

* A espectrometria de ESR é um dos principais métodos para estudar as metaloproteínas de transição contendo metaloproteínas.

* Para determinar a taxa de catálise

* Para saber sobre a geometria activa do site

* Para estudar a desnaturação e a dobragem de proteínas

* Em estudos relacionados com a interacção enzima-ligandesa

* Em Sistemas Biológicos

* Estudo dos Radicais Livres

* Etiquetas giratórias

* Estudo de Compostos Inorgânicos

* Velocidades de Reacção e Mecanismos

* Estudo de substâncias naturais, tais como minerais com elementos de transição, minerais com defeitos.

* Condução de Electrões

REFERÊNCIAS

1.   Katter, U. J, Risse, T, Schlienz, H, Beckendorf, M. , Klüner, T., Hamann, H.; Freund, H. J. *J. Magn. Reson,* **1997**, 126, 242.

2.   Schmidt, J., Risse, T., Hamann, H.; Freund, H. J. *J. Chem. Phys. ,* **2002**, 116, 10861.

3.   Risse, T., Schmidt, J., Hamann, H.; Freund, H. J. *Angew. Chem., Int. Ed.* **2002**, 41, 1517

8. ESPECTROSCOPIA DE RAIO-X

8.1. INTRODUÇÃO

❖ Os raios X compõem a radiação X, uma forma de radiação electromagnética.

❖ A maioria dos raios X tem um comprimento de onda que varia de 0,01 a 10 nanómetros, correspondendo a frequências na gama de 30 petahertz a 30 exahertz (3×1016 Hz a 3×1019 Hz) e energias na gama de 100 eV a 100 keV, produzidas pela desaceleração dos electrões de alta energia.

❖ Espectroscopia de raios X é um termo geral para várias técnicas espectroscópicas de caracterização de materiais utilizando a excitação por raios X

8.2. PRINCÍPIO

- A XRF trabalha em métodos que envolvem interacções entre feixes de electrões e raios X com amostras.

- É tornado possível pelo comportamento dos átomos quando interagem com a radiação.

- Quando os materiais são excitados com radiação de alta energia e curto comprimento de onda (por exemplo, raios X), eles podem tornar-se ionizados.

- Quando um electrão da casca interior de um átomo é excitado pela energia de um fotão, ele move-se para um nível de energia mais elevado.

- Quando regressa ao nível de baixa energia, a energia que ganhava anteriormente pela excitação é emitida como um fóton que tem um comprimento de onda característico do elemento.

- Assim, as radiografias atómicas são emitidas durante as transições electrónicas para os estados internos da concha em átomos de número atómico modesto.

- Estes raios X têm desde então energias características relacionadas com o número atómico, e cada elemento, portanto, tem um espectro de raios X característico que pode ser utilizado para identificar o elemento.

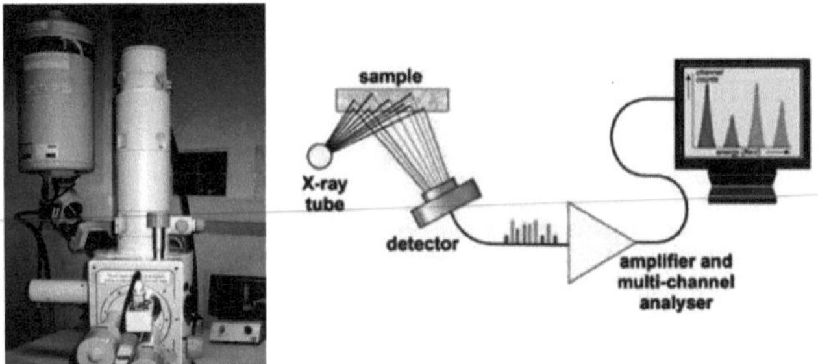

Figura 9. Ilustração de um instrumento de raios X e o seu princípio de funcionamento

8.3. TRABALHO DA ESPECTROSCOPIA DE RAIOS-X

1. Um espectrómetro XRF funciona porque se uma amostra é iluminada por um feixe de raios X intenso, conhecido como o feixe incidente, parte da energia é dispersa, mas algumas são também absorvidas dentro da amostra de uma forma que depende da sua química.

2. O raio-X incidente é tipicamente produzido a partir de um alvo Rh, embora W, Mo, Cr, e outros também possam ser utilizados, dependendo da aplicação.

3. Quando um raio-x atinge uma amostra, a amostra emite raios-x ao longo de um espectro de comprimentos de onda característico do tipo de átomos presentes.

4. Se uma amostra tiver muitos elementos presentes, a utilização de um Espectrómetro Dispersivo de Comprimento de Onda permite a separação de um espectro de raios X complexo emitido em comprimentos de onda característicos para cada elemento presente.

5. Vários tipos de detectores são utilizados para medir a intensidade da radiação emitida.

6. A intensidade da energia medida por estes detectores é proporcional à abundância do elemento na amostra.

7. O valor exacto para cada elemento é derivado de normas de análises prévias de outras técnicas.

8.4. INSTRUMENTAÇÃO

1. Equipamento gerador de raios X (tubo de raios X)

- Os raios X podem ser gerados por um tubo de raios X.

- Um tubo de raios X é um tubo de vácuo que utiliza uma alta voltagem para acelerar os electrões libertados por um cátodo quente a uma alta velocidade.

- Os electrões de alta velocidade colidem com um alvo metálico, o ânodo, criando os raios X.

2. Colimadores

- Um colimador é um dispositivo que reduz um feixe de partículas ou ondas.

- Estreito significa fazer com que as direcções de movimento fiquem mais alinhadas numa direcção específica (isto é, colimadas ou paralelas).

- A colimação é conseguida utilizando uma série de placas metálicas paralelas e estreitamente espaçadas ou por um feixe de tubos, de diâmetro igual ou inferior a 0,5.

3. Monocromador

- Os cristais monocromadores polarizam parcialmente um feixe de raios X não polarizado.

- O principal objectivo de um monocromador é separar e transmitir uma porção estreita do sinal óptico escolhido de uma gama mais ampla de comprimentos de onda disponíveis na entrada.

4. Detectores de raios X

Os detectores mais frequentemente utilizados incluem:

1. Detectores de Estado Sólido
2. Detectores de cintilação

1. Detectores de estado sólido

- Os portadores de carga no semicondutor são electrões e furos.

- O incidente de radiação na junção semicondutora produz pares de furos de electrões à medida que passa por ela.

- Os electrões e furos são varridos sob a influência do campo eléctrico, e a electrónica adequada pode recolher a carga num impulso.

2. Detectores de cintilação

Os detectores de cintilação consistem num cintilador e num dispositivo, tal como um PMT (tubos fotomultiplicadores), que converte a luz num sinal eléctrico.

- Consiste num tubo de vidro evacuado contendo um fotocátodo, tipicamente 10 a 12 eléctrodos chamados dínodos, e um ânodo.

- Os electrões emitidos pelo fotocátodo são atraídos para o primeiro dínodo e são acelerados para energias cinéticas iguais à diferença potencial entre o fotocátodo e o primeiro dínodo.

- Quando estes electrões atingem o primeiro dínodo, cerca de 5 electrões são ejectados do dínodo para cada electrão que o atinge.

- Estes electrões são atraídos para o segundo dínodo, e assim por diante, alcançando finalmente o ânodo.

- A amplificação total do PMT é o produto da amplificação individual em cada dínodo.

- A amplificação pode ser ajustada através da alteração da tensão aplicada ao PMT.

8.5. VANTAGENS

- A espectroscopia de raios X é um excelente método para determinar a estrutura de um composto.

- No caso de outros métodos espectrais não revelarem a identidade de um composto, a espectroscopia de raios X é o método de escolha para a determinação estrutural, onde os outros parâmetros, tais como comprimentos de ligação e ângulos de ligação, também são determinados.

8.6. LIMITAÇÕES

- A técnica requer a disponibilidade de um composto como um cristal único.

- A maioria dos químicos considera este processo muito enfadonho, demorado e requer uma mão hábil.

8.7. CANDIDATURAS

A espectrometria de raios X é utilizada numa vasta gama de aplicações, incluindo

- Investigação em petrologia ígnea, sedimentar e metamórfica

- Levantamentos do solo

- Mineração

- Produção de cimento

- Fabrico de cerâmica e vidro

- Metalurgia

- Estudos ambientais

- Indústria petrolífera

- Análise de campo em estudos geológicos e ambientais

REFERÊNCIAS

1.Green, D. G.; Hannink, R. H. J.; Swain, M. V. Transformação de Cerâmica. CRC Press, Boca Raton, ISBN 978-0849365942, FL, **1989**.

2. Gupta, T. K.; Bechtold, J. H.; Kuznicki, R. C.; Cadoff, L. H.; Rossing, B. R. Estabilização da Fase Tetragonal em Zircónia Policristalina, *J. Mater. Sci.*, **1977**, 12, 2421-2426.

3. Gupta, T. K.; Lange, F. F.; Bechtold, J. H. Effect of Stress-Induced Phase Transformation on the Properties of Polycrystalline Zirconia Containing Metastable Tetragonal Phase, *J. Mater. Sci.*, **1978**, 13, 1464-1470.

9. ESPECTROSCOPIA DE ABSORÇÃO ATÓMICA

9.1. INTRODUÇÃO

- ❖ A técnica de espectroscopia de absorção atómica foi introduzida para fins analíticos por WALSH, ALKEMADE, e MILATZ em 1956.

- ❖ A espectroscopia de absorção atómica é um método espectroscópico de absorção onde a radiação de uma fonte é absorvida por átomos não excitados no estado de vapor.

- ❖ A espectroscopia de absorção atómica trata da absorção de um comprimento de onda específico de radiação por átomos neutros no estado de terra.

9.2. PRINCÍPIO

- ➢ A medida em que a radiação de uma determinada frequência é absorvida por um vapor atómico está relacionada com o comprimento do caminho percorrido e com a concentração de átomos absorventes no vapor

- ➢ Isto é análogo à cerveja - a lei de Lambert relativa às amostras em amostras em solução. Assim, para um feixe monocromático colimado de radiação de incidente I0 passando por um vapor atómico de espessura I

$$\mathbf{I_v = I0e\text{-}kvI}$$

Onde

I_v é a intensidade da radiação transmitida

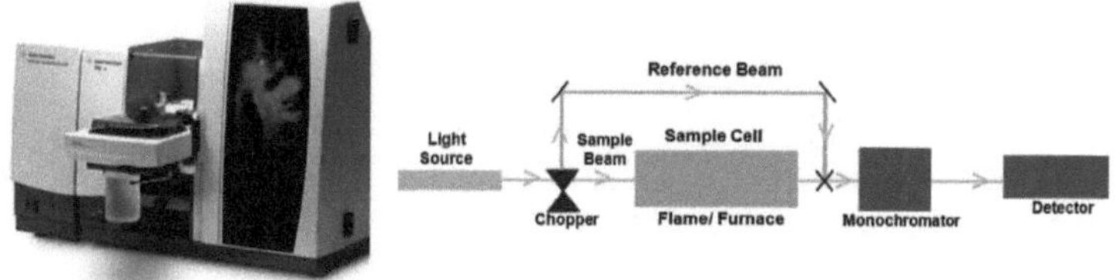

Figura 10. Ilustração de um instrumento da AAS e do seu princípio de funcionamento

9.3. TRABALHO DE AAS

➢ Os átomos dos sólidos são convertidos para um estado gasoso no atomizador.

➢ A radiação de comprimento de onda específico é emitida pela lâmpada catódica oca para os átomos gasosos do atomizador.

➢ O monocromador foca os comprimentos de onda específicos no detector.

➢ O detector encontra a quantidade de luz absorvida.

➢ A concentração de átomos na amostra é directamente proporcional à absorvância.

9.4. INSTRUMENTAÇÃO

1. Uma fonte de radiação de linha afiada

➢ A largura da linha de absorção para os átomos do estado do solo pode ser de 0,001-0,01nm. Portanto, a fonte de luz deve emitir radiação de uma largura de linha inferior à da largura da linha de absorção do elemento a ser determinado.

➢ Isto é conseguido através de lâmpadas de descarga de vapor para certos elementos facilmente excitantes, por exemplo, sódio e potássio.

2. Lâmpada catódica oca

➢ Quando uma corrente flui entre o ânodo e o cátodo nesta lâmpada, os átomos metálicos são salpicados do copo do cátodo, e ocorrem colisões com o gás de enchimento.

➢ Alguns átomos metálicos ficam excitados e libertam a sua radiação característica

3. Vaporização de amostras por chama

A produção de um vapor atómico homogéneo a partir de uma amostra é conseguida aspirando uma solução para uma chama ou evaporando pequenos volumes num forno tubular aquecido electricamente ou a partir da superfície de uma vareta de carbono.

Em todos os casos, a energia térmica fornecida deve

(a) Evaporar o solvente e

(b) Dissociar os sólidos restantes nos seus átomos constituintes sem causar uma ionização apreciável

4. Queimador com combustível e oxidante

- ➤ O queimador consiste num bloco metálico contendo uma fila de furos circulares ou uma ou mais ranhuras com cerca de 10 cm de comprimento.
- ➤ A chama mais geralmente útil é o ar-acetileno
- ➤ O ar mais frio-propano
- ➤ São também utilizadas chamas mais quentes de óxido nitroso e de acetileno.

5. Monocromador

- ➤ Alguns elementos têm uma única linha de emissão (linha principal).
- ➤ Mas vários elementos têm mais do que uma linha de emissão (linha secundária).

Daí a necessidade de isolar a linha de absorção necessária de uma fonte de radiação através de um monocromador de grelha.

6. Detector e dispositivo de leitura

- ➤ A intensidade da radiação absorvida pelos elementos, na região UV ou visível (190-900nm) pode ser detectada utilizando um detector fotométrico como um tubo fotomultiplicador.
- ➤ O dispositivo de leitura é capaz de exibir o espectro de absorção, bem como a absorvância a um comprimento de onda especificado

9.5. VANTAGENS

- ➤ Soluções, chorumes e amostras sólidas podem ser analisadas.

> Atomização muito mais eficiente

> Maior sensibilidade

> Quantidades menores da amostra (tipicamente 5 - 50 μL)

> Proporciona um ambiente redutor para elementos facilmente oxidáveis

9.6. DISADVANTAGENS

> Caro

> Baixa precisão

> Baixa produção de amostras

> Requer um alto nível de habilidade do operador

> A amostra deve estar em solução ou pelo menos volátil

> Lâmpadas de fonte individual necessárias para cada elemento

9.7. CANDIDATURAS

❖ A espectroscopia de absorção atómica é uma das técnicas mais amplamente utilizadas para a determinação de metais a níveis vestigiais em solução.

❖ A sua popularidade em comparação com a da emissão de chamas deve-se à sua relativa ausência de interferências por efeitos inter-elementos e à sua relativa insensibilidade a várias temperaturas de chama.

❖ Apenas para a determinação rotineira de metais alcalinos e alcalino-terrosos, a fotometria de chama é geralmente preferida.

REFERÊNCIAS

1. Tsalev, D.L., Slaveykova, V.I. e Mandjukov, P.B., *Spectrochim. Acta Rev.*, **1990**, 13, 225

2. Smith, S.B. e Heiftje, G.M., *Appl. Spectrosc.*, **1983**, 37, 419

3. Fernandez, F.J., Bohler, W., Beaty, M.M. e Barnett, W.B., *Atom. Spectrosc.*, **1981**, 2, 73

10. ESPECTROSCOPIA DE EMISSÃO ATÓMICA

10.1. INTRODUÇÃO

❖ Utilizado como método padrão para a análise do metal

❖ Na emissão atómica, uma pequena parte da amostra é vaporizada forma um átomo livre que obtém energia da fonte de excitação resulta numa transição do estado de energia mais baixa para mais alta ao retornar emite um fóton de radiação

❖ Antigo: a emissão atómica baseava-se apenas na chama, arco, ou fontes de excitação de faíscas

❖ Era moderna: o avanço é feito pela introdução de fontes de plasma de não-combustão

❖ Consiste em linhas irregulares discretas e espaçadas

❖ Os espectros obtidos a partir de plasma, arco ou fonte de excitação de faíscas são frequentemente altamente complexos

10.2. PRINCÍPIO

• O electrão de um átomo passa de um nível de energia mais alto para um nível de energia mais baixo, emite uma quantidade extra de energia sob a forma de luz, que é constituída por fotões.

• Tal como no AAS, a amostra deve ser convertida em átomos livres, geralmente numa fonte de excitação a alta temperatura.

• As amostras líquidas são nebulizadas e transportadas para a fonte de excitação por um gás fluente. Amostras sólidas podem ser introduzidas na fonte por chorume ou por ablação a laser da amostra sólida num fluxo de gás. Os sólidos também podem ser vaporizados directamente e excitados por uma faísca entre eléctrodos ou por um pulso laser.

• A fonte de excitação deve desolvar, atomizar, e excitar os átomos do analito.

• Dado que as linhas de emissão atómica são muito estreitas, é necessário um policromador de alta resolução para monitorizar selectivamente cada linha de emissão.

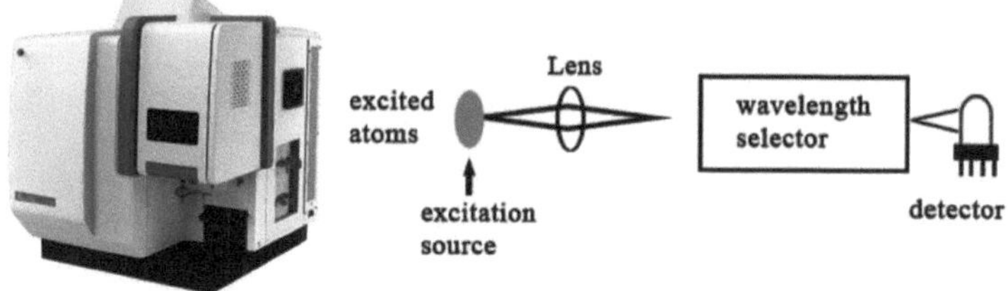

Figura 11. Ilustração de um instrumento AES e do seu princípio de funcionamento

10.3. TRABALHO DE AES

✓ A amostra deve ser convertida em átomos livres, geralmente numa fonte de excitação a alta temperatura, por exemplo, uma chama.

✓ As amostras líquidas são nebulizadas e levadas para a chama por um gás corrente. A fonte de excitação deve desolvar, atomizar e excitar os átomos da substância a analisar.

✓ A chama fornece energia suficiente para promover os átomos a níveis de energia elevados.

✓ À medida que os átomos se deterioram até à sua fase terrestre, a radiação emitida passa pelo monocromador que isola o comprimento de onda específico para a análise desejada. Um fotodetector mede a potência radiante da radiação seleccionada

10.4. INSTRUMENTAÇÃO

1. Fonte de luz

- Plasma acoplado indutivamente (ICP)

- Plasma de corrente contínua (DCP)

- Chama

- Arco e faísca

- Avaria induzida por laser

- Plasma induzido por laser

- Plasma induzido por micro-ondas

2. Atomizador

- Os elementos a serem analisados precisam de estar num estado atómico.

- Atomização; Conversão da amostra (talvez; sólida ou líquida) no átomo gasoso livre.

- Atomizador; Dispositivo utilizado para atomização

2.1. Atomizador de Chama

- Para produzir chamas, gás oxidante necessário e gás de chama.

- Utiliza-se sobretudo a chama de ar-acetileno ou de óxido nitroso - chama de acetileno.

- Amostras líquidas ou dissolvidas são tipicamente utilizadas com um atomizador de chama

2.2. Atomizador electrotérmico

- Também conhecido como "Atomizador de Forno de Grafite".

- Mais conveniente para utilizar um método sem chama, isto é, tubo de grafite aquecido electricamente.

3. Manuseamento de amostras

- As gotículas da amostra introduzida no atomizador devem ser de tamanho constante.

- A temperatura deve ser mantida para se obter uma boa reprodutibilidade.

- A velocidade de introdução da amostra deve ser igual a certos valores de banda admissíveis.

- Deve estar disponível um volume de amostras suficiente para a máxima eficiência

4. Monocromador

É um dispositivo utilizado para transmitir uma banda estreita de um comprimento de onda que é escolhido a partir do comprimento de onda de uma gama mais ampla disponível

4.1. Prisma

- Quando a luz passa por um prisma, emerge sob a forma de duas linhas ou feixes.

- Para superar este inconveniente, são colocados dois meios prismas.

- Quando a luz passa através do primeiro prisma divide-se em dois feixes, quando atinge a segunda metade do prisma recombina dois feixes num único feixe

4.2. Grelha de difracção:

- Proporciona melhores resultados e resolução.

- Substituiu o prisma, dando uma dispersão linear.

- Ocorreu um problema durante a identificação do comprimento de onda das linhas de emissão na placa fotográfica resolvido através de um monocromador de grelha.

- Uma vez identificada a linha de referência conhecida e outras linhas identificadas automaticamente

5. Detector e dispositivo de leitura

Os fototubos de vácuo são detectores de luz extremamente sensíveis na gama de regiões ultravioleta, visível, e quase infravermelha do espectro electromagnético.

10.5. VANTAGENS

- Vários elementos podem ser registados de uma só vez
- Temperaturas mais elevadas significam menor interferência entre elementos
- Vários elementos podem ser analisados a partir de uma amostra muito pequena
- Os não metálicos podem ser determinados por plasma
- Podem ser determinados compostos refractários de baixa concentração
- A gama de alta concentração para fontes de plasma

10.6. DISADVANTAGENS

- O equipamento é mais caro
- O procedimento é mais complicado
- Mais demorado
- Custos operacionais mais elevados

10.7. CANDIDATURAS

- É utilizado para a análise rápida de comprimidos farmacêuticos multicomponentes.

- É utilizado para análise elementar.

- É utilizado principalmente para a identificação e determinação da quantidade de metais em vestígios.

- É utilizado para a determinação da composição mineral de rochas ígneas e metamórficas.

- É utilizado para análise de rotina de metais de desgaste em óleos lubrificantes.

- É utilizado para a análise de sódio, potássio e lítio

REFERÊNCIAS

1. Smith, S.B. e Heiftje, G.M., *Appl. Spectrosc.*, **1983**, 37, 419

2. Fernandez, F.J., Bohler, W., Beaty, M.M. e Barnett, W.B., *Atom. Spectrosc.*, **1981**, 2, 73

3. Tsalev, D.L., Slaveykova, V.I. e Mandjukov, P.B., *Spectrochim. Acta Rev.*, **1990**, 13, 225

yes
I want morebooks!

Buy your books fast and straightforward online - at one of world's fastest growing online book stores! Environmentally sound due to Print-on-Demand technologies.

Buy your books online at
www.morebooks.shop

Compre os seus livros mais rápido e diretamente na internet, em uma das livrarias on-line com o maior crescimento no mundo! Produção que protege o meio ambiente através das tecnologias de impressão sob demanda.

Compre os seus livros on-line em
www.morebooks.shop

Printed by Books on Demand GmbH, Norderstedt / Germany